植物创新研究所

Agenzia Erba Volant

新悦

遇见智识与思想

有关植物的一段逸事、一个发现，或是一段讲述

澳洲圣诞树

集水“教父”。一棵澳洲圣诞树能够建立起数千个损害邻居的非法连接。它从邻居那里偷取养分，但又不会导致这些邻居死亡，从而保证获得源源不断的非法收益。

Nuytsia floribunda

半日花

其貌不扬的小黄花，但身怀绝技，能从干石膏中汲取水分。

Helianthemum squamatum

大丝葵

柔道表演者。大丝葵纤维细胞纤长，细胞壁由平行排列的纤维素构成，可以说是由复合材料构成的复合材料。

Washingtonia robusta

大叶马兜铃

生活在街角荒芜地区。它们入侵栏杆，攀附路灯，并使其他灌木窒息。还能开出奇怪的烟斗形状的花，有危险的毒性。

Aristolochia macrophylla

大皱蒴藓

尽管看起来非常年轻，但其实已有五百余岁高龄。

Aulacomnium turgidum

鹅耳枥

其叶片如同百褶裙，表面拥有褶皱，两侧的二级纹理与中心轴主要脉序呈30—50度夹角。

Carpino

番杏科植物蒴果

蒴果不仅能够伴随雨水打开，还能够缓慢收集雨水。雨水充满果实，后续的降雨就会激活蒴果的喷洒系统，将种子发射到远处。

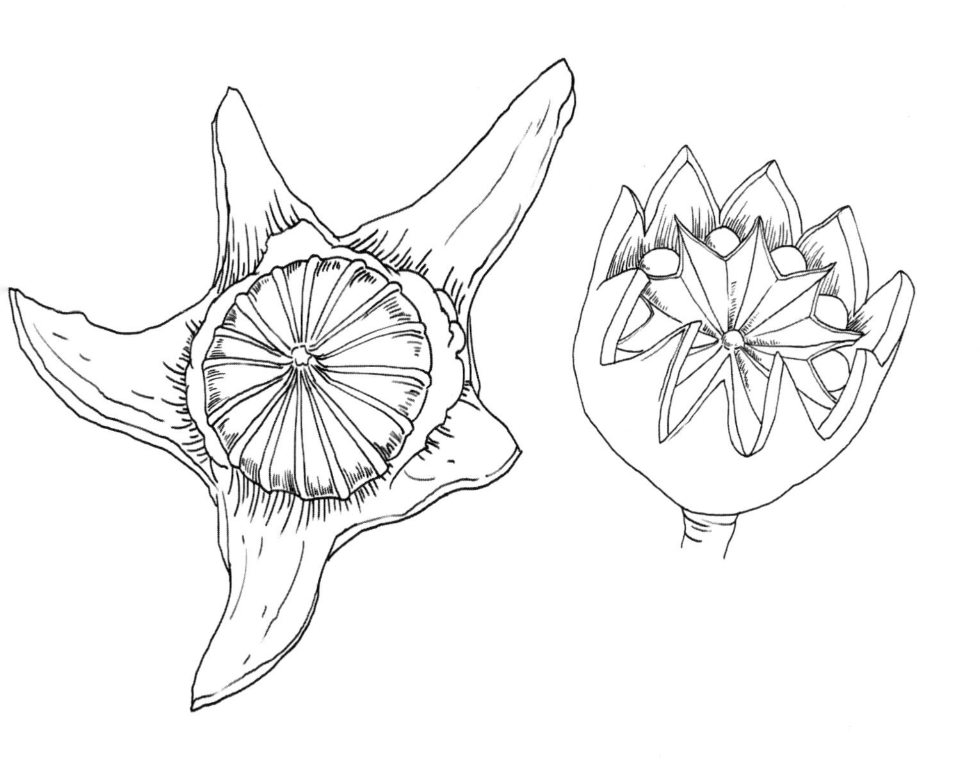

Capsula Aizoaceae

辐射松

移民。生于美国加州，成名于新西兰，所以又叫新西兰松。辐射松果球的鳞状外壳由两层吸水性不同的组织构成，这是控制果球开闭的关键。

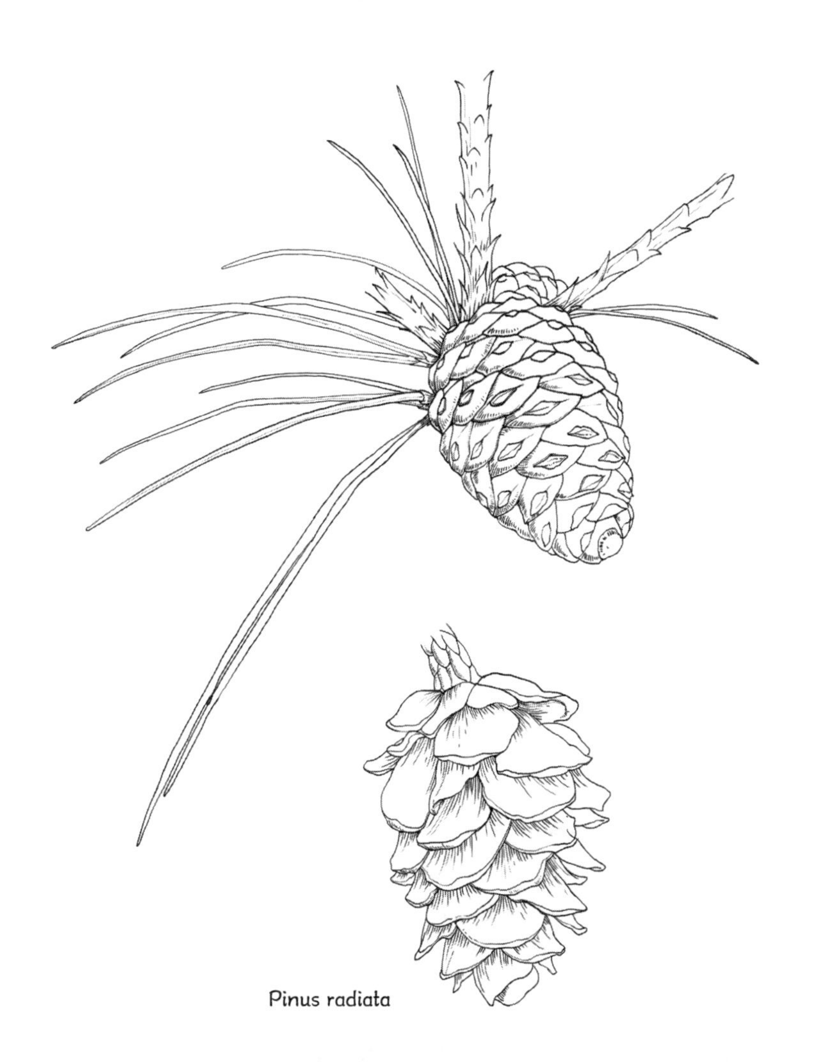

Pinus radiata

瓜拿纳

瓜拿纳漂亮的外表会吸引巨嘴鸟的光顾，但其种子中含有大量咖啡因，鸟儿食用后会感到晕眩，于是，巨嘴鸟渐渐学会进食时不嚼碎种子，好在吞咽几分钟后将种子吐出。瓜拿纳正是这样完成传播的。

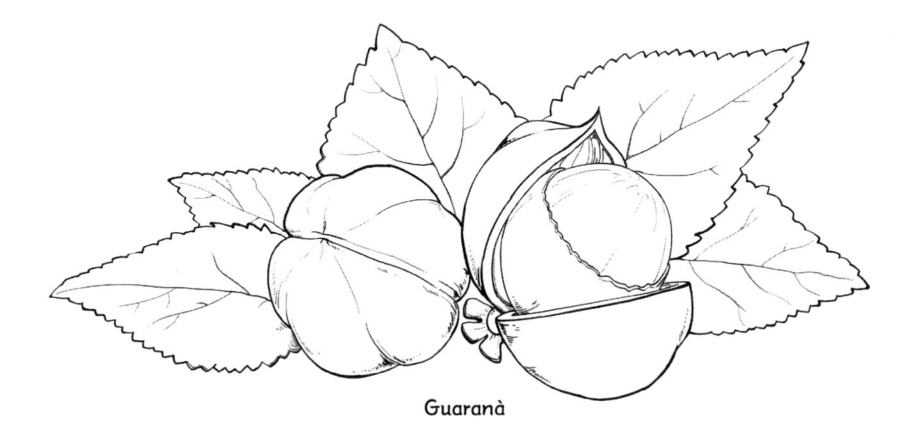

Guaranà

龟背竹

龟背竹有孔的叶片看似损失了光合作用的面积，但其实是为了在丛林中拦截更多从高处撒下的移动光线，进而提高光合作用效率。

Monstera deliciosa

鹤望兰

鹤望兰进化出了一种动态折叠机制，只有织布鸟能将其花朵打开。

Strelitzia reginae

红花头蕊兰

虽然一滴蜜都不产，但孤蜂仍会钻入其中为它辛勤劳作，传播花粉，这是因为在蜜蜂看来，它长得和产蜜的风铃草属一模一样。但人眼可根据颜色和形状很容易将二者区分开。

Cephalanthera rubra

红罗宾

即便在春天仍会保持红色，这是因为一到春天，睡了一个冬天的昆虫醒过来，会饥不择食，见着绿色植物就啃，它们可不希望成为那些“吃绿了眼”的昆虫的盘中餐。

Photinia

黄栌

黄栌和红罗宾一样聪明，都是善于机变和伪装的高手。

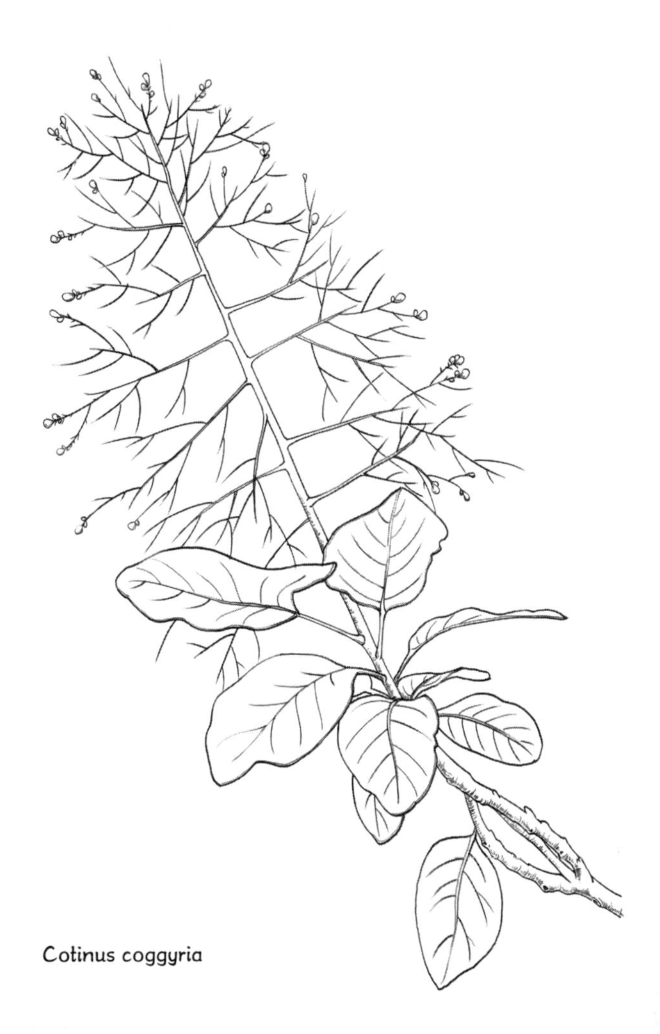

Cotinus coggyria

黄毛仙人掌

别小看它们的黄毛，要知道，在每簇黄色钩毛中有几百个锥形刺，这是一种纳米级别的精确组织结构。

Opuntia microdasys

Iriartea deldoidea

树干外周密度是中心密度的二十倍，韧性十足。

加拿大草茱萸

神射手。它能在半毫秒内射出花粉，是步枪子弹出膛时间的 1/3；初始加速度能达到 2400G，是航天飞机起飞时加速度的 3 倍；花粉颗粒能以 3 米每秒的速度飞行，飞行高度可达到花朵高度的 10 倍。

Cornus canadensis

康登萨塔

其果实既不含糖分，又干涩缺乏水分，但每当有太阳光束穿过，外果皮会因受到干扰而变成彩虹色，看起来美味可口，好“诱骗”鸟儿采摘，这样子它们就可以搭顺风车完成传播啦。

Pollia condensata

利马豆

利马豆的钩毛就是它们的“带刺铁丝网”，用来抵御敌人。

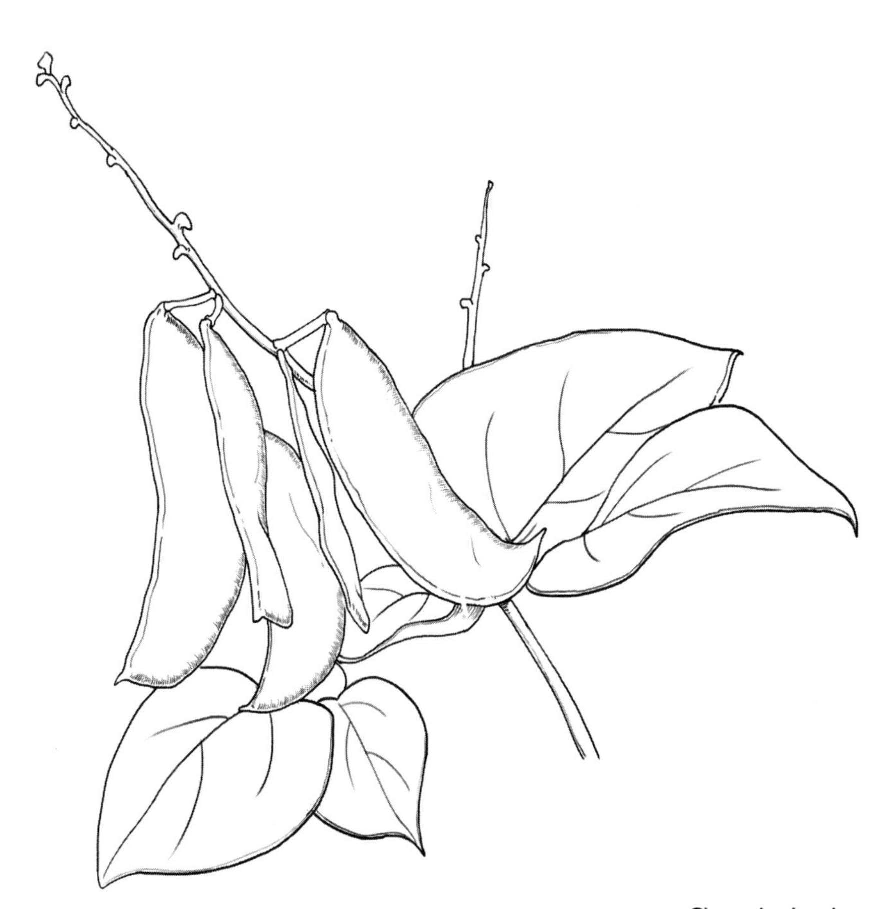

Phaseolus lunatus

陆地棉

棉花只有在遭到昆虫咬食时，才会制造嗅觉警报信号。既是为了给盟友发出真实讯号，也是为了避免浪费合成混合物所需的资源。

Gossypium hirsutum

蔓长春花

花冠表面的茸毛从外向内，整齐地排列在一起。当昆虫进来时，它们会在入口处梳理昆虫外部毛发，好把它们身上的其他花粉扫落；离开时，位于茸毛区之外的花药，又会为被清理过的昆虫“批戴上”自己的花粉粒。

Vinca major

美洲黑杨

发展出了无线通信系统。当某一片叶子受到昆虫攻击时，它能够释放挥发性物质，向临近树叶发出警报。它们还能召唤昆虫的天敌，前来助它们击退敌军。

Populus deltoides

美洲金缕梅

当条件适宜时，美洲金缕梅的叶片可以像折叠帐篷那样，毫不费力地瞬间展开，这是因为它们的叶片从嫩芽部分起，就开始呈弯曲或卷曲状。

Amamelide

蜜囊花科

古巴一种攀缘植物，它的常客是蝙蝠，

为此，它们专门在花的上方发展出一个信号器，即一片凹形圆盘状叶子，

对蝙蝠的声呐导航仪起定位作用，好在需要时召唤蝙蝠。

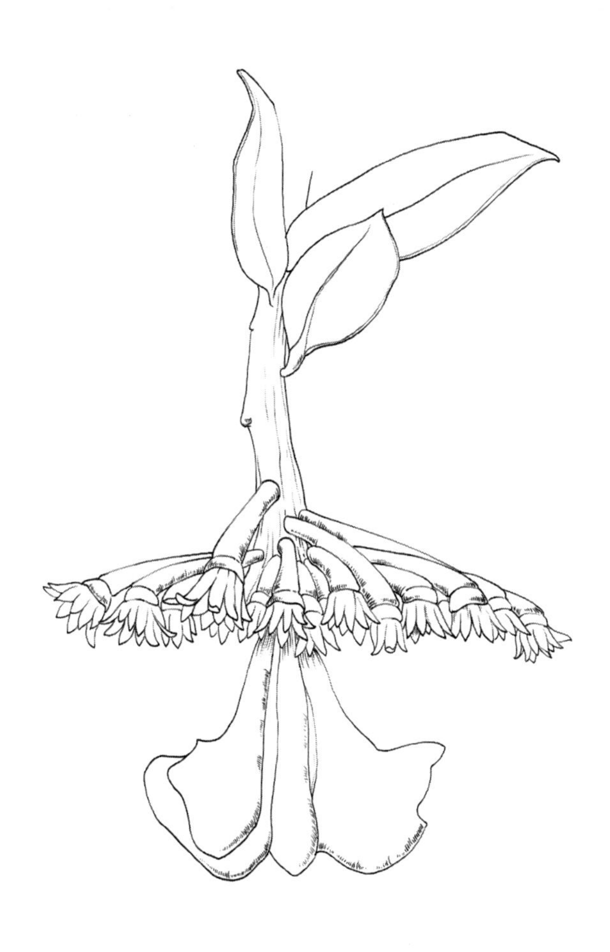

Marcgravia evenia

木贼

高明的超轻建筑设计师。它有着与众不同的双层环秆，比起不具备该结构的类似品种，它能承受的侧面动态荷载要高出四十倍。

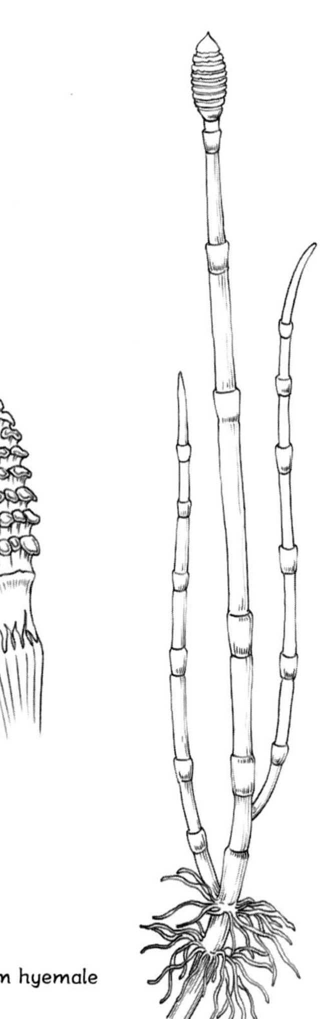

Equisetum hyemale

纳米比亚针禾

当雾气来临之时，它平均每平方米叶片能够抓取5升水。所有水分借助叶片表面特殊构造，一滴不落地被转移到植株根部。

Stipagrostis sabulicola

泥炭藓

老派殖民者，植物界开拓者，它们占据地球 1% 的土地，供氧效率很高。

Sfagno

瓶子草

美丽的杀手。它的顶端有开口，开口处有一个“小瓶盖”作为遮挡，内部充满液体，味甜，却是致命的陷阱。昆虫一旦飞入，或从边缘滑落，将再也无法生还，它们会被装置内富含消化酶的液体消化掉。

Sarracenia

芹叶牻牛儿苗

芹叶牻牛儿苗的播撒装置建立在探出果实的花丝上，花丝基座上包着两颗种子，当水分蒸发后，花丝会断成两部分，每一半断裂的花丝会带着种子像钻头一样自行深入地下。

Erodium cicutarium

球苔藓

并非真正的苔藓，而是铁兰属被子植物。它们获取水分的系统不同寻常，对它们来说，叶片不仅直接负责光合作用，还能收集空气中的水和矿物质。

Tillandsia recurvata

球叶山芫荽

坐拥私人丛林的富豪。球叶山芫荽叶片上布满了微小的树状结构，它们只有零点几毫米高，但能够截获空气中的水汽。

Cotula fallax

人厌槐叶萍

游泳健将。它的超防水性得益于叶片表面布满的蜡制毛状体，形似奶油搅拌器。水下的毛状体能够在叶片和水流之间制造出一个薄薄的空气层，有助于气体交换和水下光合作用，并且使它们能在湍急的水中漂浮。

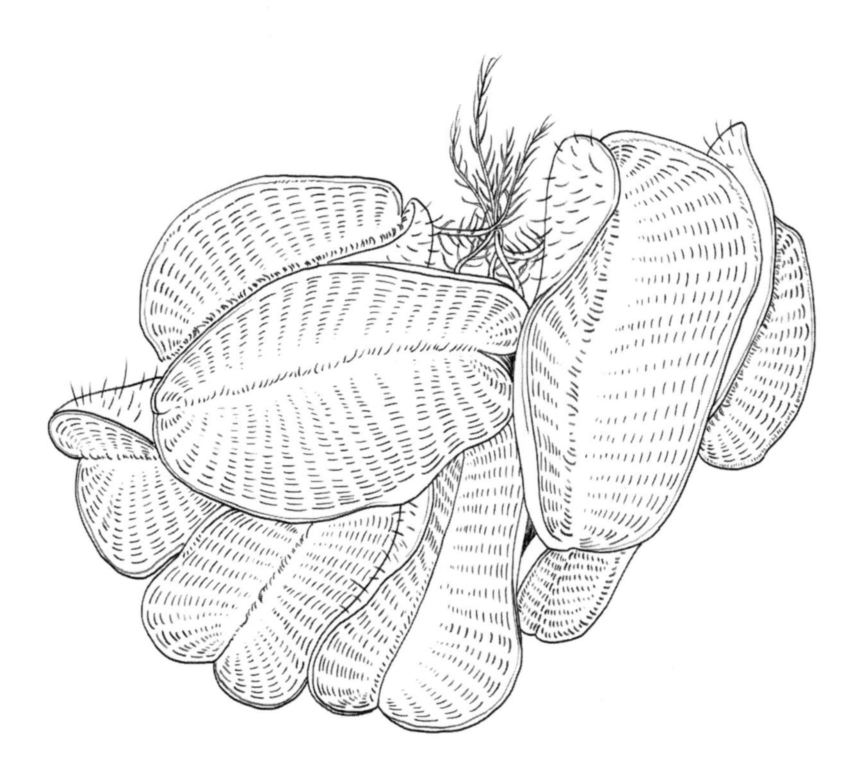

Salvinia molesta

沙朗大黄

沙朗大黄的叶片巨大，每株的叶片面积甚至能超过 1 平方米，呈莲座状，形成了一个巨大的漏斗结构。这种构造能让它把约旦沙漠中落下的极少量雨水，全部输送到根部。

Rheum palestinum

沙漠甲虫

能够通过背部特殊的刺状产卵器来收集空气中的水分，并把水分直接滴到口中，就像弗莱人的制服那样。

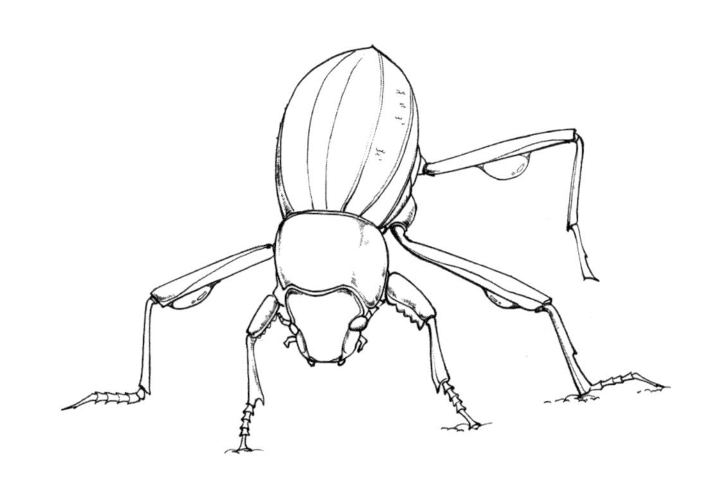

山香属

当蜂鸟吸食花蜜时，山香属植物利用弹射装置把花粉喷洒到它身上。花朵雌蕊顶端柱头暴露在外，蜂鸟在吸食花蜜时，会不可避免地碰到它，从而完成传粉，给花朵之爱画上闭环。

Hyptis

松矮槲寄生

它的果实能够以90公里每小时的速度，把单个黏糊糊的种子发射到15米开外，就像一个吸食树液的泰山，从一棵树的簇叶，飞到另一棵树上。几年内，它们能够在一公顷的领地内寄生超过500个宿主。

Arceuthobium divaricatum

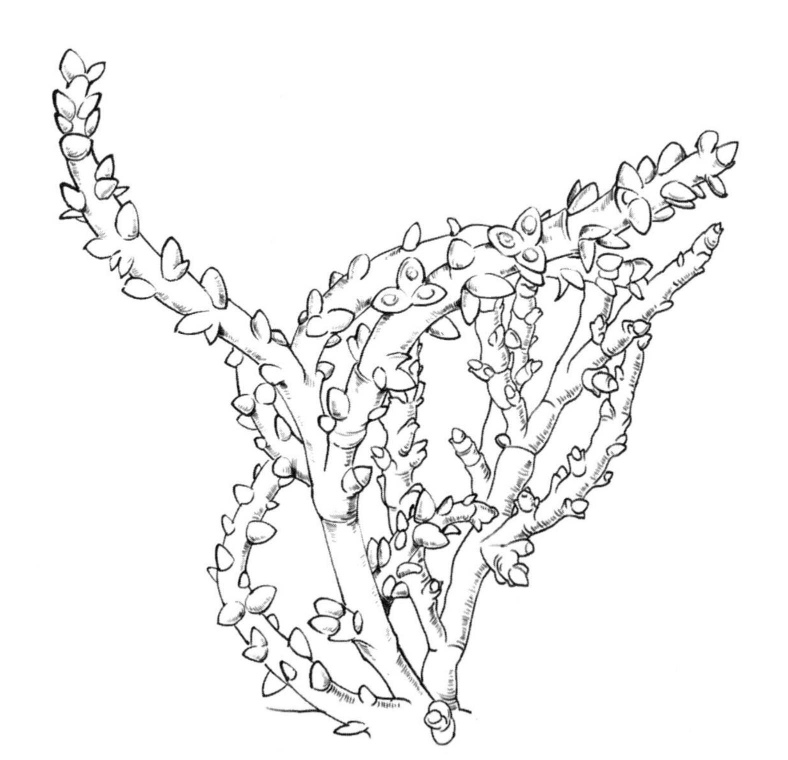

桃叶风铃

和红花头蕊兰花朵外貌相似，且在仅相距几米的地方生长，开花时间相同。但风铃草属会给为它传播花粉的两种孤蜂提供丰富的花蜜作为回报，而兰花却一滴蜜都不产。

Campanula persicifolia

土狼烟草

不要轻易招惹它，不然会吃不了兜着走！前来骚扰的毛虫不仅会被叶片中累积的有毒尼古丁挡住去路，还会暴露在叶片表面释放出的致敏性物质下。同时，叶片上的绒毛会阻挡毛虫的移动，并划伤它。最后，它还能够通过释放嗅觉信号召唤毛虫的天敌。

Nicotiana attenuata

苇状羊茅

“Fiends with benifits”（指那些关系“密切”但无需被任何感情联系羁绊的朋友）信条信奉者，它们与体内的入侵者“内生菌”就保持着同桌进餐或互惠互利的关系。

Festuca arundinacea

狭叶蝇子草

已有足足31800年的历史，它从未熟的果子内部生长出来，这些果子埋藏在西伯利亚最寒冷、最不宜居地带的多年冻土中。它也是现存能够证实猛犸象和柱牙象曾经存在的唯一见证者。

Silene stenophylla

亚马逊王莲

一片亚马逊王莲的叶子直径可达 2 米，能够承受 50 千克的重量而不变形。

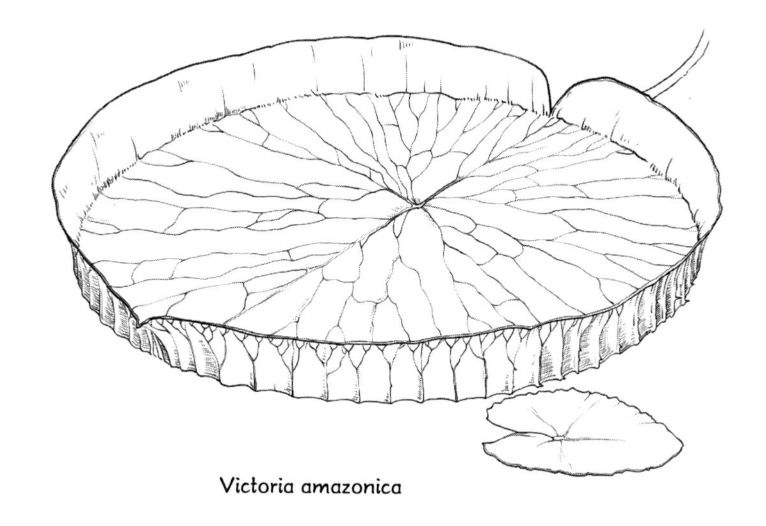

Victoria amazonica

沼泽香蒲

香蒲秆和叶子应对巨大外力的原理，与日本摩天大楼面对强烈地震时如出一辙。

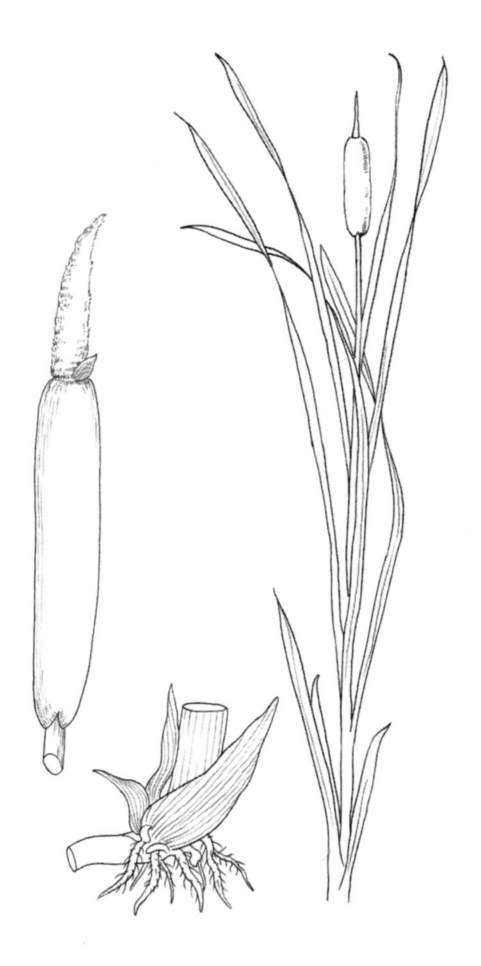

Typha palustris

猪笼草

世界上最大的食肉植物，能吞噬老鼠。它们靠色素和气味组合诱惑飞行类独居昆虫，依靠地理位置引爬行类昆虫上钩。误入陷阱的猎物掉入后，会立刻淹死在粘性液体中，进而被消化。

Nepenthes

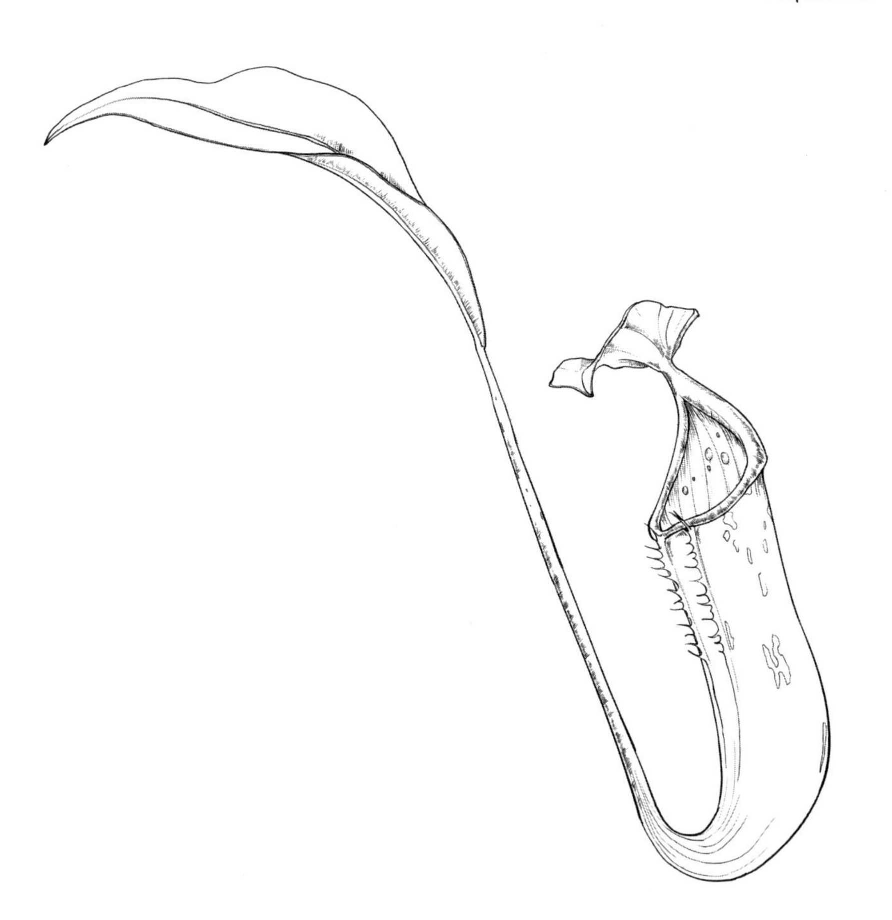

创造的源泉不是天赋，而是知识。

——Riccardo Falcinelli

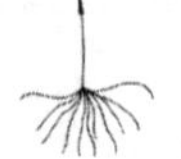

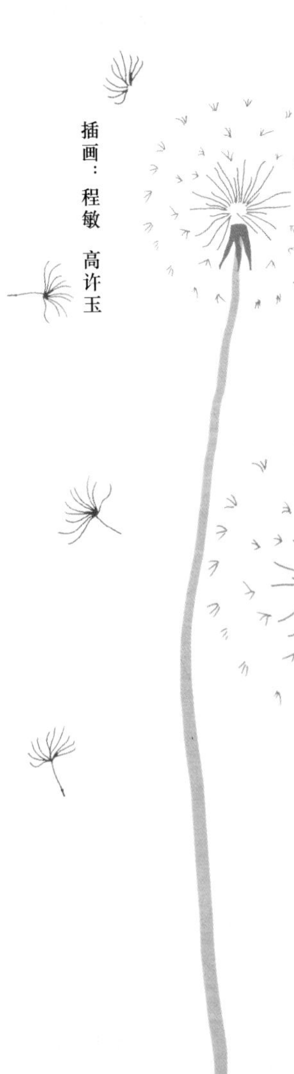

插画：程敏　高许玉

上架建议：人文·艺术

ISBN 978-7-5203-4418-0

定价：62.00元